唰唰唰！剪草坪

贺 洁 薛 晨◎著 哐当哐当工作室◎绘

比较面积大小

北京科学技术出版社

别看捣蛋鼠个子小，但捣起乱来谁也比不过他。他把烂香蕉包装成三明治送给学霸鼠，他在美丽鼠刚拖完的地上到处乱踩……

不过，捣蛋鼠很喜欢数学，学数学时从不捣乱，会格外认真。他有各种各样、大大小小的有关数学的书，这些书能铺满整张书桌。

捣蛋鼠常常把数学书放在挂式收纳袋里。这样看起来很整齐！

“看，在和数学有关的事上，我很认真。”捣蛋鼠心想。

捣蛋鼠没想到的是，生活中的很多事都和数学有关。

一天下午，捣蛋鼠从爸爸那儿接到一项任务——修剪草坪。“你可要把全部草坪修剪整齐啊。”爸爸说。

不就是修剪草坪吗？捣蛋鼠推着割草机东一下西一下，唰唰唰，一小时不到，整块草坪就修剪完了。

傍晚，爸爸回来了。他看见草坪的样子后火冒三丈：“捣蛋鼠，你在捣乱吗？”

捣蛋鼠不安地等着爸爸的批评。

“捣蛋鼠学数学时从不捣乱。”爸爸想了想，走进屋里从冰箱里拿出果酱，又把果酱均匀地涂在面包片上。“面包片面积不大，很快就能涂满。捣蛋鼠，你知道数学里的面积是指什么吗？”

“和数学有关？面积是什么？”捣蛋鼠眼睛都亮了。

“物体的表面或平面图形的大小就是它们的面积。书的面积一般指封面的大小；教室的面积指教室地面的大小。草坪的面积嘛，要把草坪修剪整齐才好测量……”爸爸说。

捣蛋鼠和爸爸一起重新修剪了草坪。夕阳金色的光芒照亮了这对父子，夕阳下的草坪漂亮极了。捣蛋鼠陶醉地看着自己的劳动成果，忘记了测量面积这件事。

第二天，邻居们经过捣蛋鼠家的院子时都眼前一亮。大家都问捣蛋鼠的爸爸是怎么修剪出这么整齐美观的草坪的。爸爸指了指捣蛋鼠说：“都是捣蛋鼠的功劳。”

没过几天，松鼠阿姨来到捣蛋鼠家。“捣蛋鼠，我家明天要举办派对，你今天下午能来我家帮忙修剪草坪吗？我会做一个三层高的草莓坚果蛋糕送给你！”

巧的是，这天美丽鼠也来找捣蛋鼠帮忙：“我家明天要接待客人，今天下午你就帮帮我，和我一起修剪草坪吧！我可以把你最喜欢的那顶棒球帽送给你！”

捣蛋鼠既想吃蛋糕，又想帮美丽鼠，他一下午能修剪完两块草坪吗？捣蛋鼠决定先去看看两家草坪的面积大小。

出门前，妈妈让他顺便把之前借的野餐布还给美丽鼠的妈妈。

拿着方形的野餐布，捣蛋鼠想到一个测量面积的好办法。他先到松鼠阿姨家，拿出野餐布，在草坪上比画着。

啊，松鼠阿姨家草坪的面积有 10 块野餐布那么大。

到了美丽鼠家，捣蛋鼠又用这块野餐布在草坪上比画。捣蛋鼠发现，美丽鼠家草坪的面积有 12 块野餐布那么大。所以，美丽鼠家草坪的面积比松鼠阿姨家草坪的大。

除了用野餐布量的方法，还有其他比较面积大小的方法吗？捣蛋鼠向鼠老师求助。鼠老师听完说："这两块草坪都是长方形的，长方形的面积等于长乘以宽。你知道两块草坪的长和宽吗？"

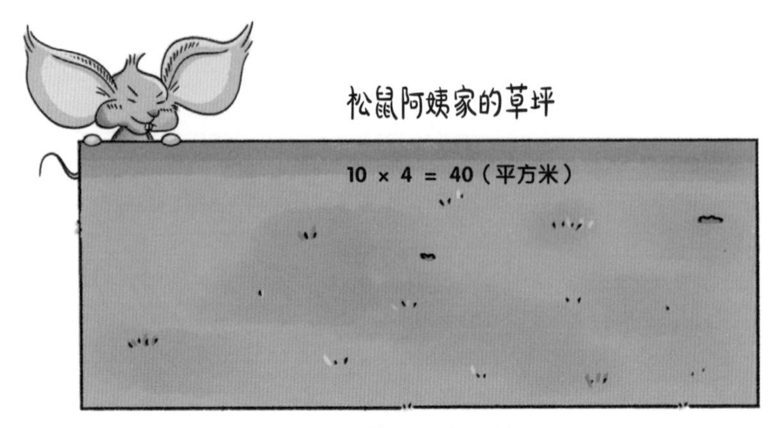

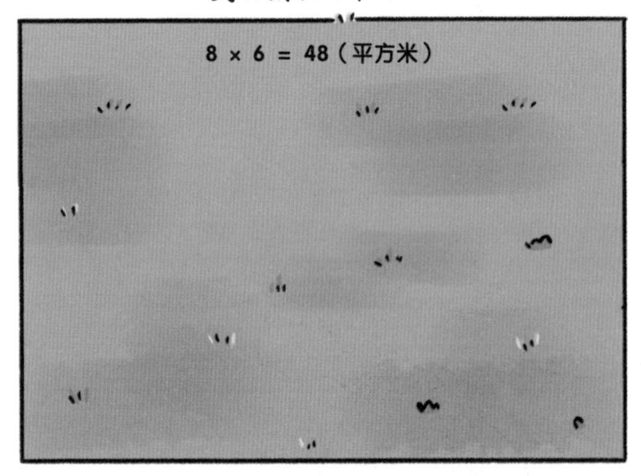

注意，这里的面积单位要用平方米表示。

40 平方米 < 48 平方米

捣蛋鼠问了问松鼠阿姨和美丽鼠。松鼠阿姨家的草坪长 10 米，宽 4 米；美丽鼠家的草坪长 8 米，宽 6 米。用乘法计算一下……

用不同的方法比较得出松鼠阿姨家的草坪面积小。捣蛋鼠决定先帮松鼠阿姨修剪草坪！松鼠阿姨说话算话，修剪完草坪后，捣蛋鼠捧着一个大大的草莓坚果蛋糕回家了！

“时间还早，那么大一块草坪，美丽鼠一下午能修剪完吗？”捣蛋鼠想了想，带上割草机，再次出发了！

“美丽鼠，我来帮你修剪草坪了。你喜欢美的东西，所以我要把你家的草坪变成咱们小区最漂亮、最独特的！”

“太好啦！你真是世界上最好的捣蛋鼠！”

没一会儿，捣蛋鼠就修剪完美丽鼠家的草坪了。但他有些担心：“这样的设计，美丽鼠的爸爸妈妈会喜欢吗？”

这就是捣蛋鼠精心修剪的草坪，你觉得怎么样？

好玩的面积

面积有多大

物体表面或平面图形的大小，叫作面积。

看一看，比一比。

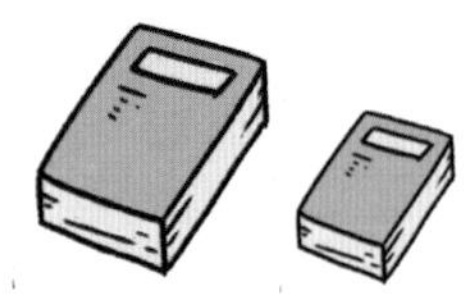

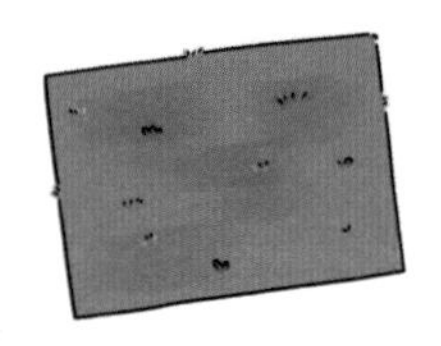

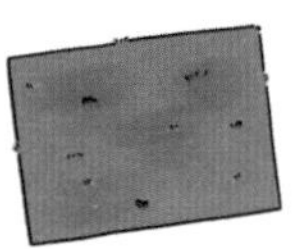

下面哪个图形的面积大？

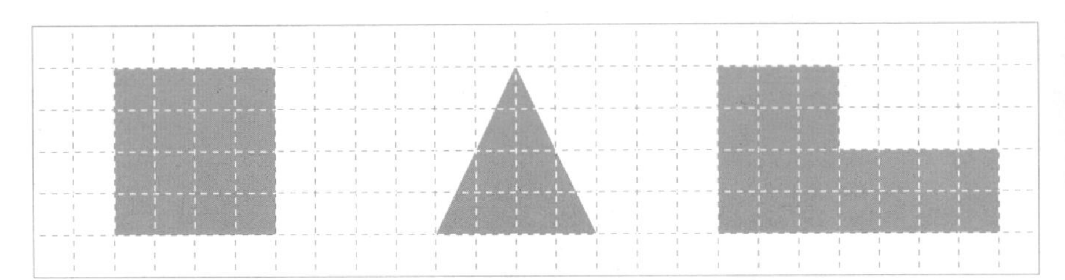

玩转面积

在右边网格里画3个不同的图形，使每个图形的面积等于7个方格的面积。

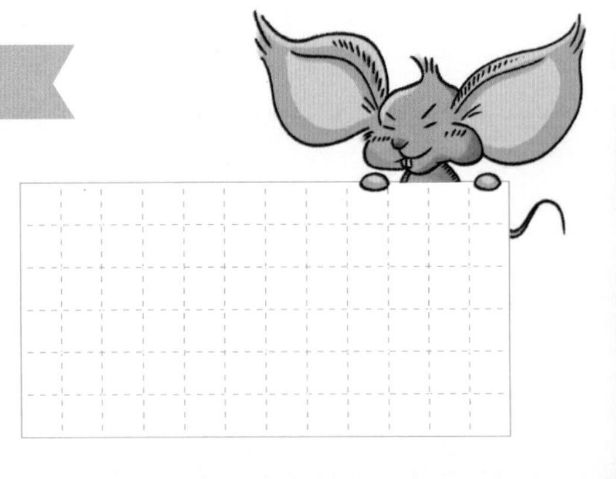